小跳豆 Jumping Bean
幼兒中文識字
貼紙遊戲書

新雅文化事業有限公司
www.sunya.com.hk

挑戰 1

豆豆好友團

獎勵貼紙

請你觀察下面豆豆們的影子，然後從貼紙頁找出正確的豆豆好友團的貼紙，貼在相配的影子上。

團員名單

跳跳豆

糖糖豆

火火豆

力力豆

哈哈豆

小紅豆

皮皮豆

胖胖豆

博士豆

脆脆豆

看字詞，來分組

獎勵
貼紙

豆豆們正在分組，左邊的組長獲得一張提示其組員名字的生字謎題卡。請你從貼紙頁找出生字謎題卡上欠缺的部分，看看組成什麼生字，然後把配對成一組的豆豆們用線連起來。

𧾷 •

• 哈哈豆

月 •

• 小紅豆

糸 •

• 胖胖豆

口 •

• 跳跳豆

米 •

• 糖糖豆

挑戰 3

學校生活

獎勵貼紙

請你觀察下面的圖畫，然後從貼紙頁找出正確的詞語貼紙貼在空格裏，幫糖糖豆報告一下學校的生活。

皮皮豆要找出跟以下的學校用品相關的字詞。請你從貼紙頁找出正確的詞語貼紙貼在空格裏。

挑戰 4

禮貌用語我會説

哈哈豆和力力豆要學習使用禮貌用語。請你觀察下面各圖，然後在正確的禮貌用語旁的空格裏寫上代表的英文字母。

☐	你好！	☐	再見！
☐	對不起！	☐	謝謝！

漂亮的布娃娃

獎勵貼紙

博士豆和小紅豆畫了一個布娃娃，請你把詞語跟相配的身體部分用線連起來。

挑戰 6

誰來幫幫忙

獎勵貼紙

火火豆和胖胖豆要找出正確的量詞。請你從貼紙頁找出正確的量詞貼紙貼在空格裏。

個　雙　塊　本　枝　張

1. 我有一 ☐ 蠟筆。

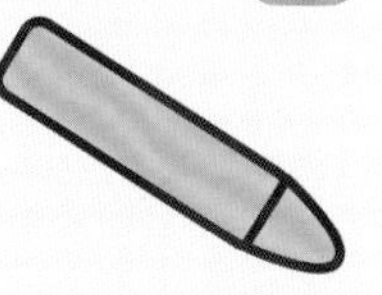

2. 我有一 ☐ 積木。

3. 我有一 ☐ 圖書。

4. 我有一 ☐ 鼻子。

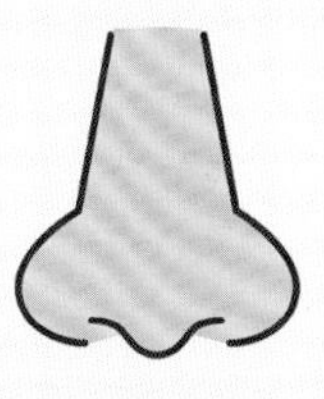

5. 我有一 ☐ 眼睛。

6. 我有一 ☐ 嘴巴。

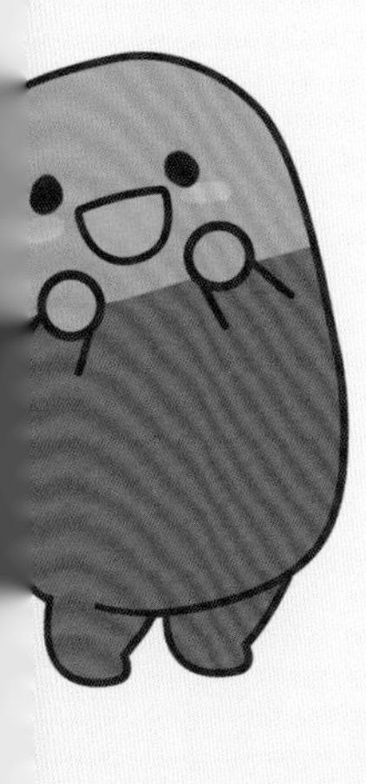

挑戰 7

自我介紹

獎勵貼紙

豆豆們要介紹自己。先由跳跳豆和糖糖豆示範。請你跟着閱讀一次。

大家好！我的名字是跳跳豆。
我今年 4 歲。
我是男孩子。
我最喜歡做運動。

大家好！我的名字是糖糖豆。
我今年 4 歲。
我是女孩子。
我最喜歡看書。

現在請你參考以上示範，介紹自己。你也可以先在以下橫線上寫上資料，方便你介紹自己。

大家好！ 我的名字是____________________。

我今年____________歲。

我是____________孩子。

我最喜歡______________________________。

挑戰 8

我的家庭

跳跳豆要介紹自己的家庭。請你從貼紙頁找出跳跳豆家庭成員或稱謂的貼紙，貼在空格裏。

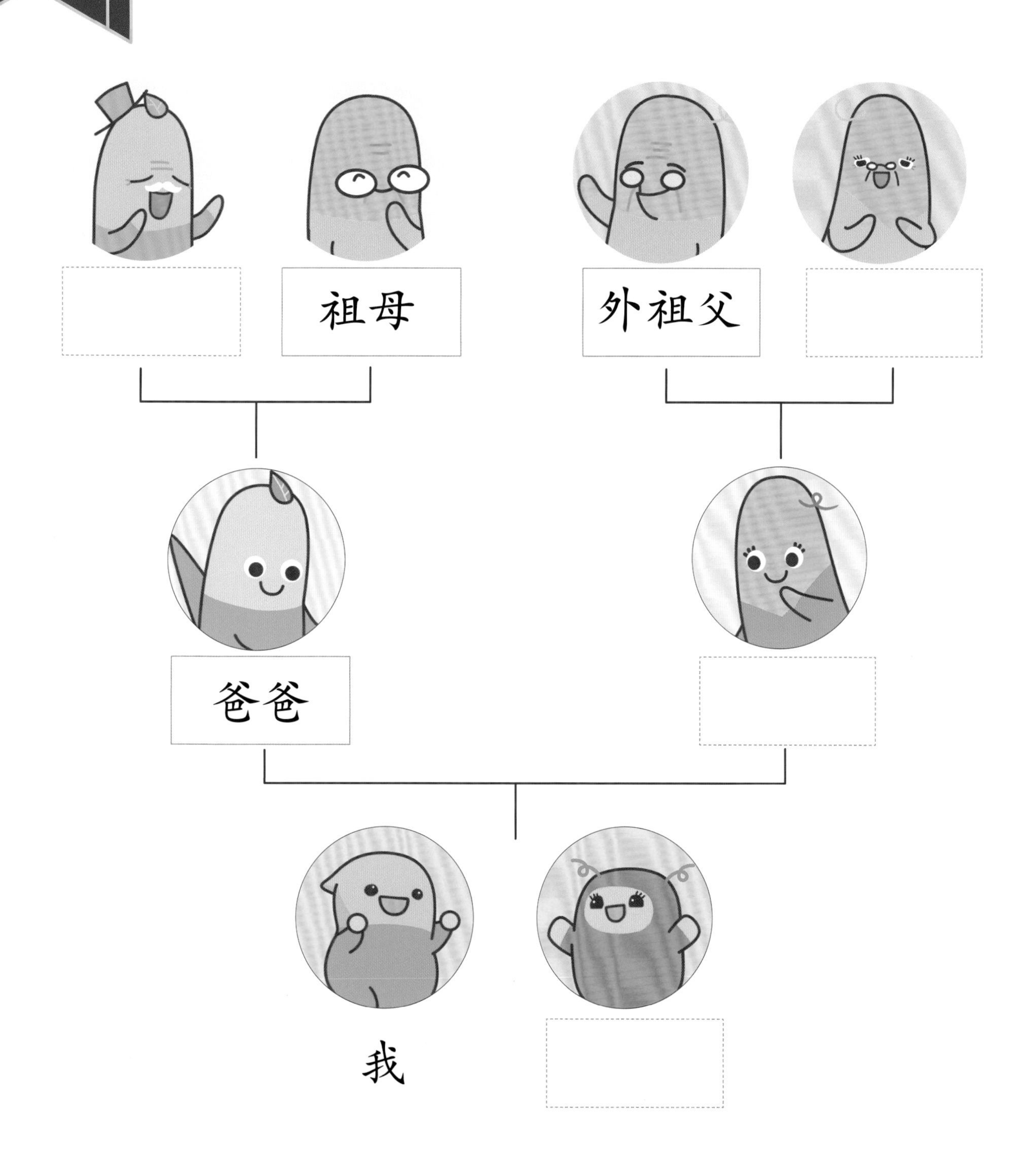

請你在橫線上寫上你的家庭成員的稱謂，然後說一說。

我的家有 ________________________ 和我。

我的家

糖糖豆要辨別不同的家居房間。請你從貼紙頁找出正確的房間名稱貼紙貼在空格裏。

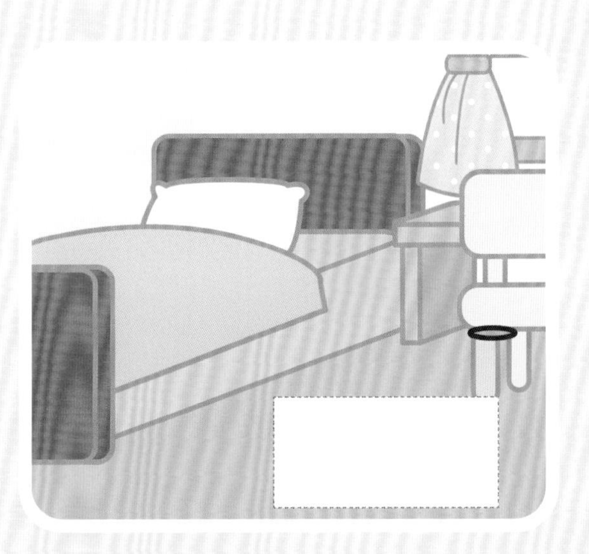

皮皮豆要解謎。請你閱讀下面的謎題，然後從貼紙頁找出正確答案的貼紙貼在空格裏。

臉兒有時方，
臉兒有時圓，
長有四條腿，
走路卻不會。
（猜一家具）

挑戰 10

欠缺的部分

獎勵貼紙

跳跳豆和脆脆豆要把物品的名稱補完整。請你幫他們在空格裏寫上字詞欠缺的部分。

時 童

竟子

卓子

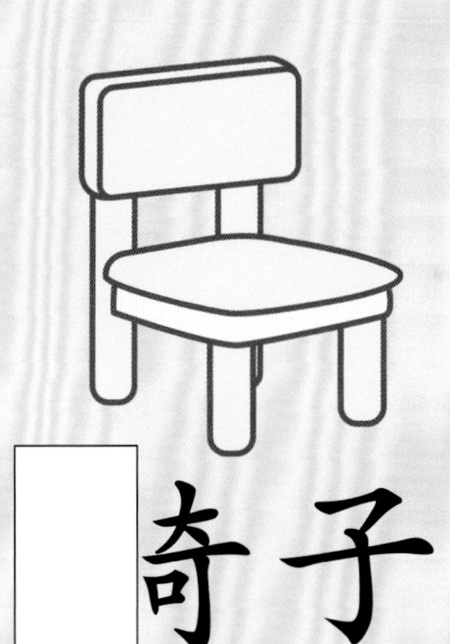

奇子

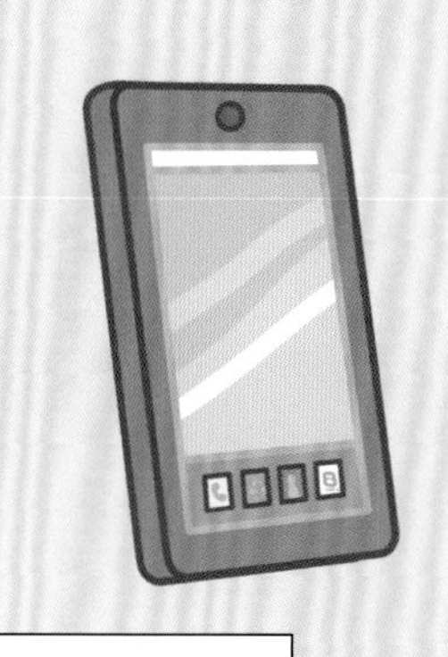

电話

电視機

挑戰
11

找水果

火火豆和胖胖豆要找水果。請你在每橫行或直行中找出 9 種水果的名稱並圈起來。

花	梨	東	木	鮮	生
草	子	西	瓜	牛	蘋
莓	海	香	菜	肉	果
水	芒	蕉	魚	杯	雪
橙	果	皮	葡	萄	糕

請你從貼紙頁找出跟上面的水果名稱相配的貼紙，貼在碟子上。

挑戰 12

哪裏出錯了

獎勵貼紙

博士豆和小紅豆要把菜單上的錯字找出來。請你幫他們把錯字圈起來，然後在空格裏寫上正確的字詞。

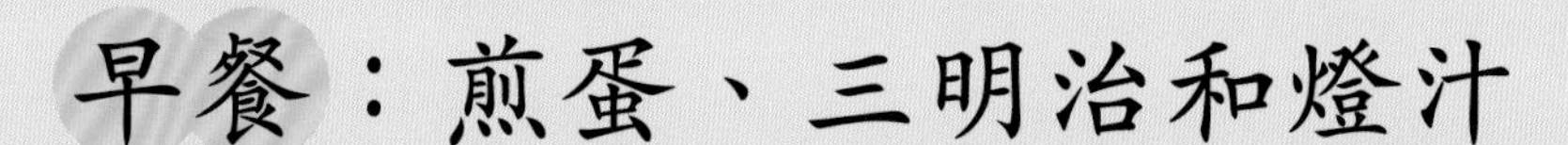

早餐：煎蛋、三明治和燈汁

午餐：番茄午肉炒蛋

青爪炒雞肉

鮮魚本瓜湯

水果：蘋果、杏蕉或草每

挑戰 13

豆豆們的食物

獎勵貼紙

豆豆們在找食物。請你沿着下圖的路線走，看看各豆豆找到了什麼食物，然後從貼紙頁找出正確的食物名稱貼紙，貼在豆豆旁的空格裏。

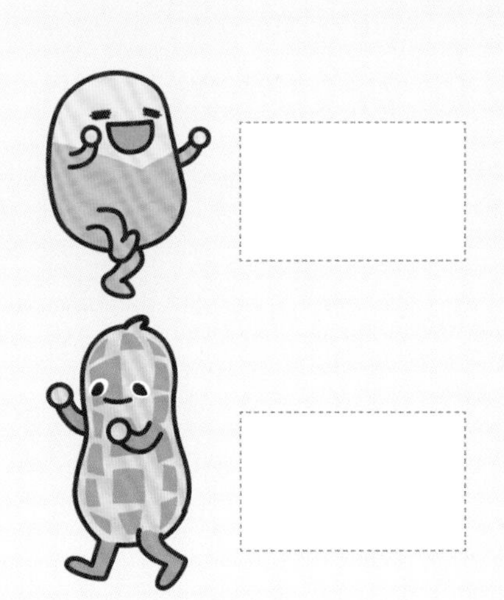

挑戰 14

衣物尋寶

哈哈豆和力力豆要按提示找衣物。請你按提示從貼紙頁找出正確的衣物貼紙，貼在空格裏。

這是一件藍色的襯衣。

這是一條紅色的裙子。

這是一條黃色的褲子。

這是一條綠色的圍巾。

挑戰 15

衣物名稱

獎勵貼紙

火火豆和胖胖豆要替衣物寫上名稱。請你看看下面的生字，你知道欠缺了哪個部首嗎？請你把答案寫在空格裏。

挑戰 16

動物猜一猜

獎勵貼紙

博士豆和小紅豆要完成動物謎題。請你閱讀各謎題，然後在正確答案下面的空格裏寫上代表的英文字母。

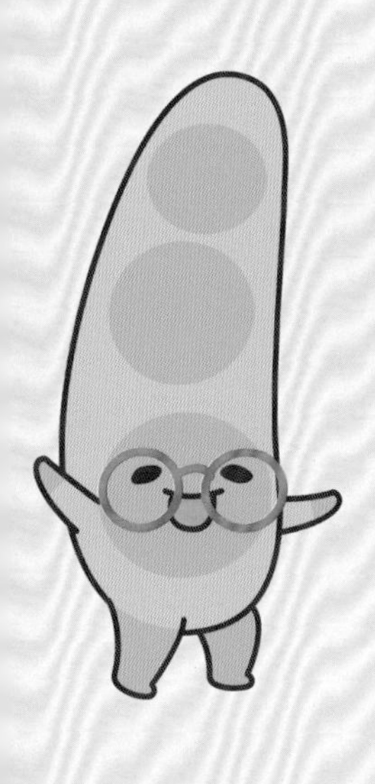

A 能在水中游，也能地上跳。
披着綠衣裳，最愛呱呱叫。

B 水陸小霸王，身穿硬盔甲，
揮舞大剪刀，八腳向横行。

C 胖乎乎，圓滾滾。
身穿黑白衣，最愛吃竹葉。

同音字的挑戰

跳跳豆和脆脆豆要在同音字中選出正確的一個。
請你把正確的字塗上顏色。

1. 春天到，花開了，長 青 清 草。

2. 蝴 碟 蝶 在花間飛舞。

3. 小山 羊 洋，愛吃草。

4. 青 清 蛙在池 糖 塘 裏游。

5. 小蜜 風 蜂，在花間採花 密 蜜。

成語大挑戰

獎勵
貼紙

糖糖豆和皮皮豆要合作找出正確的成語。請你看看下面各圖，你知道代表哪個成語嗎？請你把正確答案圈起來。

1.

九牛一毛 / 氣壯如牛

2.

雞飛狗走 / 狐假虎威

3.

畫蛇添足 / 畫龍點睛

4.

指鹿為馬 / 井底之蛙

挑戰 19

唸兒歌

獎勵貼紙

哈哈豆和力力豆在唸兒歌，可是有些字詞不見了。請你觀察圖畫的提示，然後從貼紙頁找出正確的字詞貼紙貼在空格裏。

郊遊樂

秋高氣爽去郊遊，

踏着＿＿樂悠悠。

看見遠處＿＿＿，

還有＿＿慢慢流。

＿＿蝴蝶採花蜜，

郊外風景真美麗。

部首組字

獎勵
貼紙

火火豆和胖胖豆要運用不同的部首來組合字詞。請你替下面的生字加上正確的部首，看看能組成什麼生字。

艹　氵　冫

化	可	東
葉	每	周
頻	也	令
早	度	水

挑戰 21

字詞迷宮

獎勵貼紙

博士豆和小紅豆要沿着部首是「車」的字詞走。請你找出正確的路線，然後看看他們找到了哪種交通工具。

輛

輪

乘

軟

機

船

轟

航

軸

具

軑

飛

輕

轉

渡海小輪

飛機

校車

請你把博士豆和小紅豆找到的交通工具名稱寫在橫線上，組成一句句子。

博士豆和小紅豆乘坐________________上學去。

看圖填字

跳跳豆和脆脆豆要完成下面的句子，可是每句句子都缺了一些字詞，請你看看圖畫，然後把正確的詞語寫在橫線上。

1. 這是一輛 ________________。

 （計程車 / 救護車）

2. 長大後，我想做個 ______________。

 （醫生 / 消防員）

3. 脆脆豆到 ________________ 看書。

 （圖書館 / 動物園）

4. 豆爸爸帶跳跳豆到 _______________。

 （博物館 / 太空館）

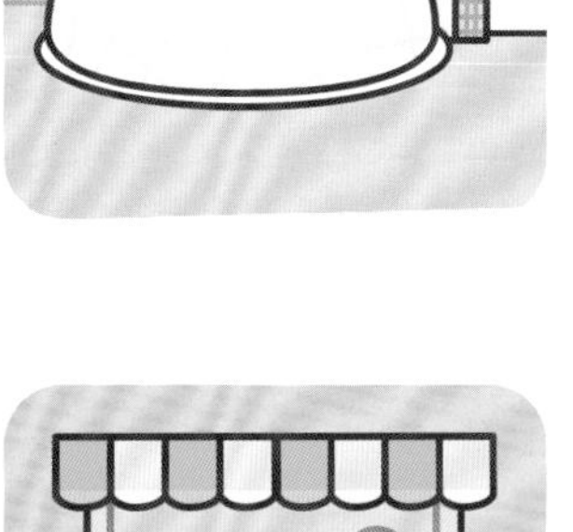

5. 胖胖豆到 _______________ 去買麪包。

 （麪包店 / 書店）

來配詞

獎勵貼紙

豆豆們要合作玩配詞遊戲。請你在空格裏寫上生字，配成詞語。

例：

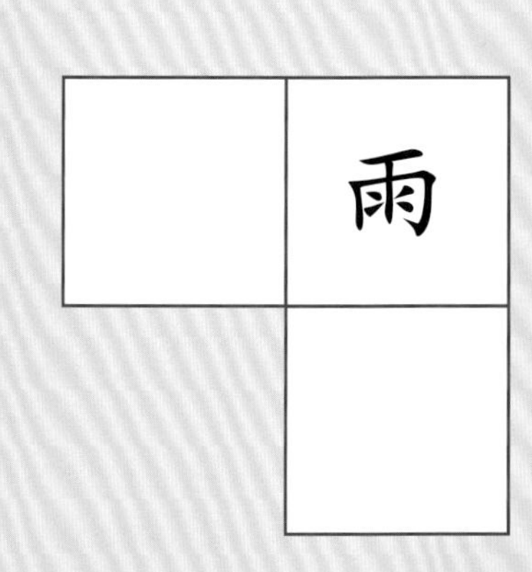

子

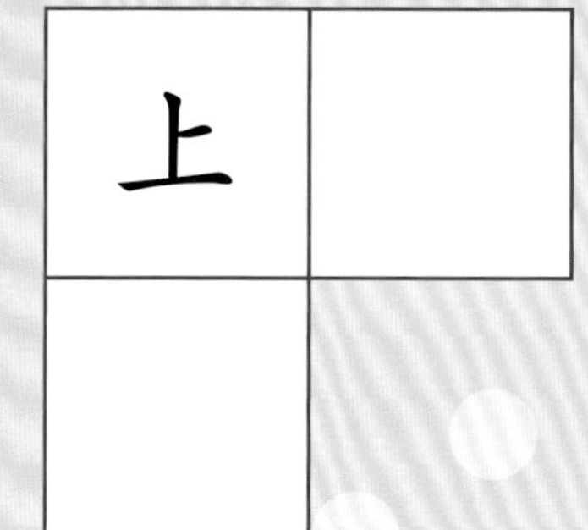

挑戰 24

有趣的象形字

獎勵貼紙

豆豆們要猜猜以下的象形字演變成哪個漢字。請你從貼紙頁找出正確的生字貼紙貼在空格裏。

甲骨文　小篆　楷書

1.   → 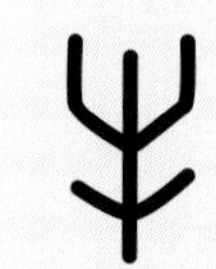  →   → 

2.  →  →  → 

3.  →  →  → 

4.  →  →  → 

5.  →  → 

6.  →  → 

7.  → 

挑戰 25

筆畫遊戲

獎勵貼紙

豆豆們要進行筆畫遊戲。請你按每組豆豆的基本筆畫名稱，在生字上加上該筆畫，變成一個新字。

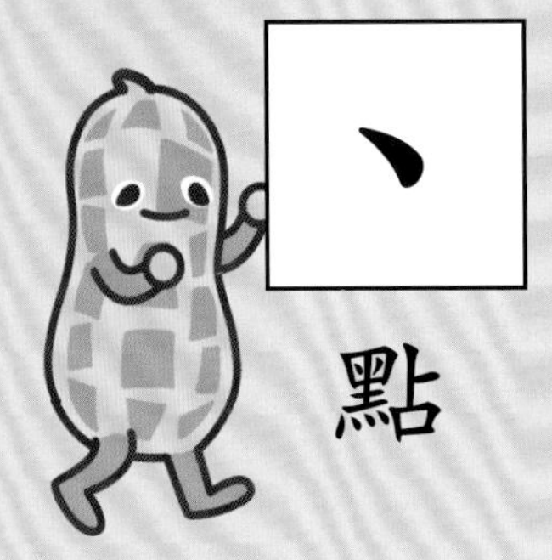

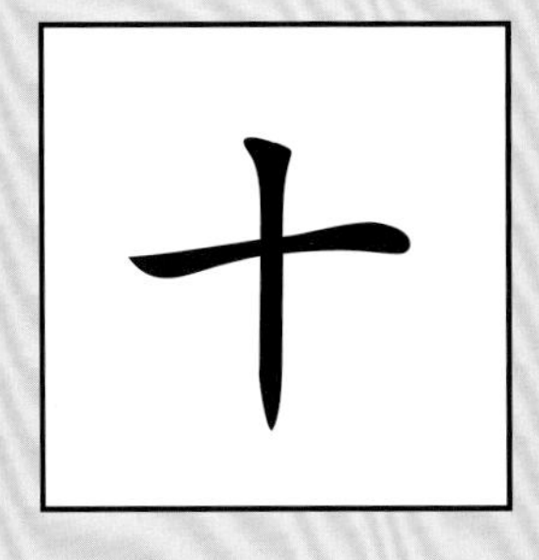

目

來組句

豆豆們要合作組句。請你把下面的字詞排列成通順的句子，寫在橫線上，並加上適當的標點符號。

1.

去游泳 / 跳跳豆 / 到海灘

____

2.

到公園去 / 看花 / 糖糖豆

____

3.

脆脆豆 / 自己 / 會 / 做功課

____

4.

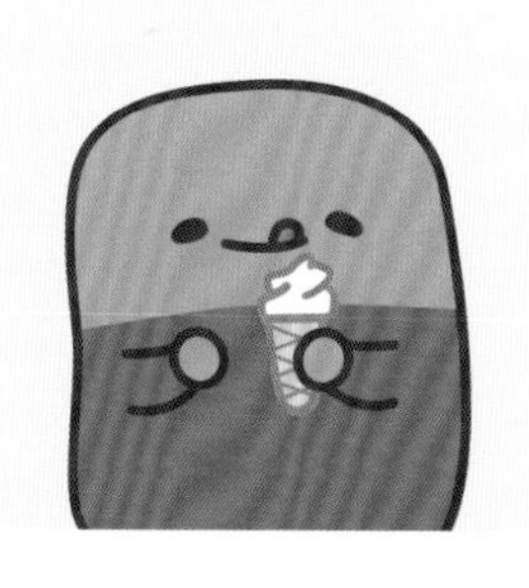

喜歡 / 冰淇淋 / 吃 / 胖胖豆

____

5.

和 / 火火豆 / 一起 / 疊積木 / 皮皮豆

____

挑戰
27

圖像閱讀

茄子老師給豆豆們一幅照片。請你仔細觀察，然後在正確答案旁的空格裏加上 ✓。

1. 跳跳豆一家在歡度哪個節日？

聖誕節 ☐　農曆新年 ☐　端午節 ☐

2. 跳跳豆一家在這節日裏會做什麼？

賽龍舟 ☐　派禮物 ☐　拜年 ☐

3. 豆爸爸和豆媽媽派了什麼給跳跳豆和糖糖豆？

紅封包 ☐　糖果 ☐　文具 ☐

4. 哪個是這節日的祝福語？

聖誕快樂 ☐　身體健康 ☐　生日快樂 ☐

挑戰 28

聆聽訓練

獎勵貼紙

茄子老師給大家唸了一篇文章。請你掃描 QR Code 聆聽這篇文章，然後把正確答案圈起來。

有趣的動物

香港有很多有趣的動物。例如：盧氏小樹蛙、彈塗魚和中華白海豚。盧氏小樹蛙是香港體形最小的蛙類，比港幣一毫還要小！彈塗魚是一種入水能游，出水能跳的魚，生活在紅樹林，那裏有牠們愛吃的昆蟲和小螃蟹。中華白海豚主要在大嶼山西面和西南面水域出現。年幼時身體是深灰色的，成年後轉為粉紅色。

1. 文中提及哪些有趣的動物？

   盧氏小樹蛙　彈塗魚　中華白海豚　美洲豹

2. 盧氏小樹蛙的體形比什麼還要小？

   港幣一毫　港幣五元　港幣一元　港幣十元

3. 下面哪些是彈塗魚的特色？

   出水能跳　入水能游　愛吃鮮魚

4. 中華白海豚成年後身體是什麼顏色的？

   藍色　深灰色　粉紅色　白色

答案頁

挑戰 1

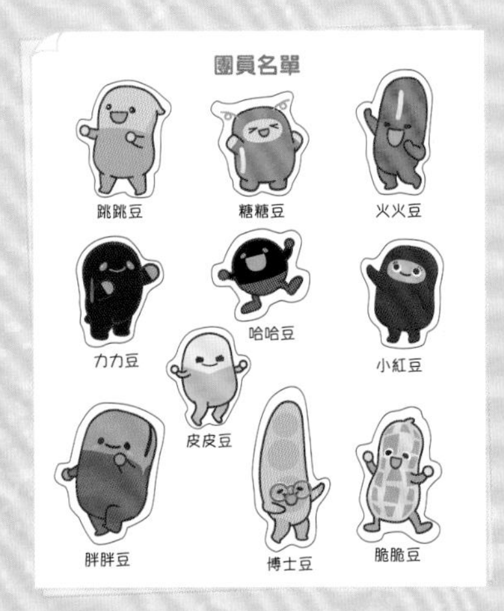

挑戰 2

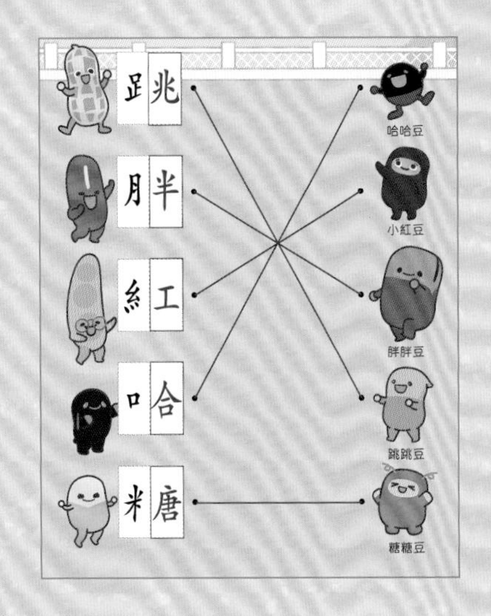

挑戰 3

挑戰 4

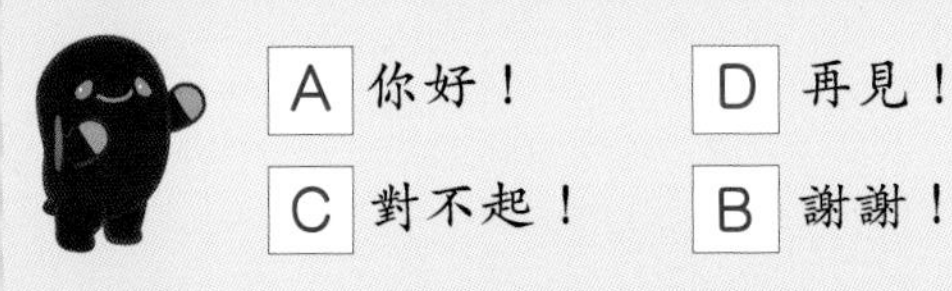

挑戰 5

挑戰 6　1. 枝　2. 塊　3. 本　4. 個　5. 雙　6. 張

挑戰 7（略）

挑戰 8

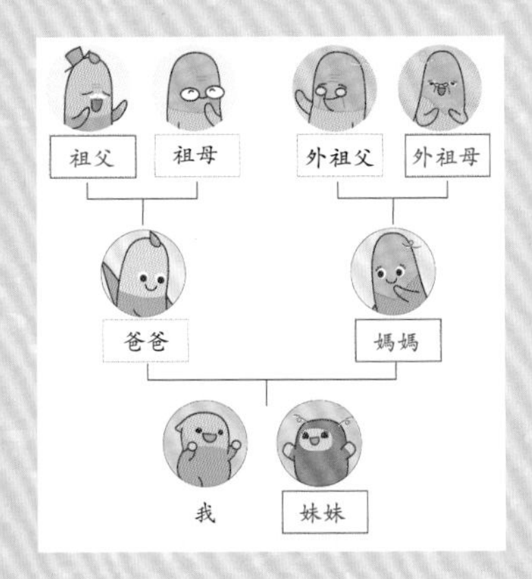

挑戰 9

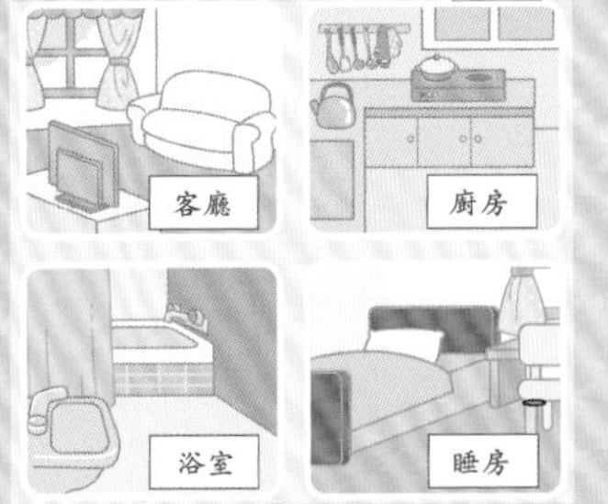

挑戰 10　時鐘　鏡子　桌子　椅子　電話　電視機

挑戰 11

挑戰 12

早餐：煎蛋、三明治和橙汁

午餐：番茄牛肉炒蛋

青瓜炒雞肉

鮮魚木瓜湯

水果：蘋果、香蕉或草莓

橙 牛 瓜

木 香 莓

挑戰 13

挑戰 14

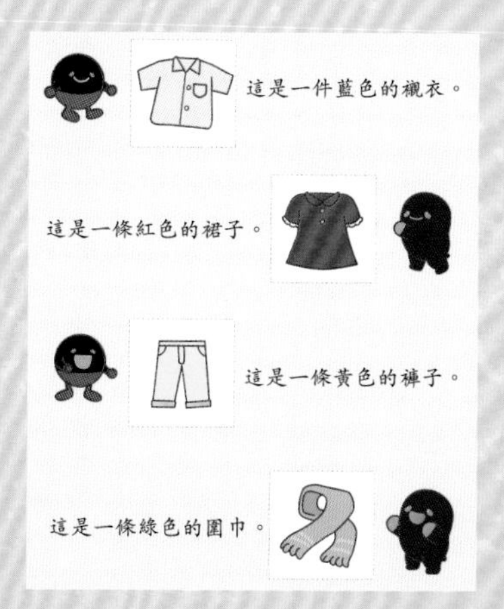

挑戰 15

裙子 褲子 被子 襪子

挑戰 16

挑戰 17

1. 青 清　2. 碟 蝶　3. 羊 洋

4. 青 清　糖 塘　5. 風 蜂　密 蜜

挑戰 18

1. 九牛一毛　2. 狐假虎威

3. 畫蛇添足　4. 井底之蛙

挑戰 19

郊遊樂

秋高氣爽去郊遊，

踏着單車樂悠悠。

看見遠處一羣牛，

還有溪水慢慢流。

蜜蜂蝴蝶採花蜜，

郊外風景真美麗。

挑戰 20

挑戰 21

挑戰 22

1. 這是一輛救護車 。
2. 長大後，我想做個消防員 。
3. 脆脆豆到圖書館看書。
4. 豆爸爸帶跳跳豆到太空館 。
5. 胖胖豆到麪包店去買麪包。

挑戰 23

以下為舉例，小朋友可配上其他詞語：

挑戰 24

挑戰 25

挑戰 26

1. 跳跳豆到海灘去游泳。
2. 糖糖豆到公園去看花。
3. 脆脆豆會自己做功課。
4. 火火豆和皮皮豆一起疊積木。 / 皮皮豆和火火豆一起疊積木。

挑戰 27

1. 農曆新年　　2. 拜年
3. 紅封包　　4. 身體健康

挑戰 28

1. 盧氏小樹蛙　彈塗魚　中華白海豚
2. 港幣一毫
3. 出水能跳　入水能游
4. 粉紅色

小跳豆幼兒中文識字貼紙遊戲書
編　　寫：新雅編輯室
繪　　圖：李成宇
責任編輯：趙慧雅
美術設計：李成宇
出　　版：新雅文化事業有限公司
香港英皇道 499 號北角工業大廈 18 樓
電話：(852) 2138 7998
傳真：(852) 2597 4003
網址：http://www.sunya.com.hk
電郵：marketing@sunya.com.hk
發　　行：香港聯合書刊物流有限公司
香港荃灣德士古道 220-248 號荃灣工業中心 16 樓
電話：(852) 2150 2100
傳真：(852) 2407 3062
電郵：info@suplogistics.com.hk
印　　刷：中華商務彩色印刷有限公司
香港新界大埔汀麗路 36 號
版　　次：二〇二二年九月初版

ISBN: 978-962-08-8001-8

18/F, North Point Industrial Building, 499 King's Road, Hong Kong
Published in Hong Kong, China
Printed in China